AF342483

Contributo
Regione del Veneto

© 2007 Edizioni Grafiche Vianello srl/VianelloLibri
Ponzano Veneto (Treviso) Italia
vianellolibri@vianellolibri.com – www.vianellolibri.com

ISBN 978-88-7200-267-4

Progetto grafico e coordinamento: Livio Scibilia
Redazione: Andrea Montagnani

Foto di copertina di Azzurra Viola

Venezia
ACQUALTA

Fotografie di/*Photographs by*
GIANFRANCO VIOLA

Venezia
ACQUALTA

Testi di/*Text by*
IVO PRANDIN

Vianello
LIBRI

Mi chiedo a che specie appartenga il fotografare di Gianfranco Viola o l'obiettivo fotografico di questo artista veneziano che scruta con attento interesse ciò che gli sta intorno. È l'individuazione del soggetto, qualsiasi esso sia, che coglie e costruisce con la sua capacità di guardare e captare rigorosamente. Il suo fotografare è un messaggio trasmesso intelligentemente ricco di emozioni e sensazioni che egli comunica a chi osserva. Sarebbe erroneo vedere nelle foto di Gianfranco Viola la rappresentazione di momenti quotidiani, o situazioni irripetibili come lo dimostrano queste foto che sono immagini tangibili di emotività. Gianfranco Viola sente e coglie sensazioni, prosegue nonostante i dubbi e le insicurezze di oggi.

Dorino Cioffi
Pittore – Scenografo

I often try to define Gianfranco Viola's photography or the camera of this Venetian artist who scans meticolously anything surrounding him. The individuation of the subject, whatever it is, that seize and build its capability of watching and catching rigorously. His way of photographing is a message rich in emotions and feelings he sharply conveys to the observer. It would be wrong to think about his photos as a mere representation of day-to-day moments or unusual events. These photos are images of tangible emotion. Gianfranco Viola feels and conveys emotions, he carries on despite all present-day doubts and uncertainty.

Dorino Cioffi
Painter – Set designer

Anche i Vip "vivono"
l'esperienza dell'acqua alta:
l'attrice Julia Roberts cede
ridendo alla trappola liquida.

*Even celebrities experience
the acqua alta phenomenon:
actress Julia Roberts
surrenders with a smile to the
"liquid trap".*

Leggere un libro di immagini (nella fattispecie, di fotografie), apparentemente risulta facile. Non è sempre così. Soprattutto se, come nel caso di quest'opera di Gianfranco Viola, il soggetto è una città (Venezia), dichiarata da tempo immemorabile patrimonio dell'intera umanità; colta, per un'intera giornata, nella specificità particolare che nessun'altra metropoli al mondo vivrebbe se non in termini di emergenza.

Venezia è straordinaria anche in questo. Vorrei dire ancora più spettacolare, quando nell'interezza di tutti i suoi sestieri, ci si immerge nell'acqua talora per un semplice pediluvio, talvolta per un bagno che fa scattare ansie e timori che scatenano la grancassa dell'opinionistica mondiale, memore (sempre all'improvviso e, con attacchi di inusitata isteria), delle tragiche profezie di lord Gorge Gordon Byron, poeta inglese vissuto per un paio d'anni anche in laguna, fra la fine del 1700 e gli inizi dell'800.

Con questo non voglio dire che ha ragione il sindaco prof. Massimo Cacciari che, anni fa, sostenne, quanto al fenomeno dell'acqua alta, che i veneziani non dovevano più pensarci: munirsi di stivali e, filosoficamente, passar oltre. Altri semmai sono i saccheggi che la città è costretta a subire e, oltre al resto, questo non è il luogo né l'occasione per impantanarsi in polemiche.

Qui è d'uopo parlare di una città e di un artista – fotografo, veneziano, che, come scrive Dorino, attraverso "immagini di tangibile emotività" racconta, in un collage di "scatti" i luoghi dove vive, in momenti straordinari, ma che in qualche modo hanno il timbro di una periodica consuetudine alla quale, almeno una parte degli abitanti, si è, per così dire, assuefatta. Il bello è che dall'assemblaggio del materiale qui rappresentato, emerge una tridimensionalità di Venezia e della sua fragile robustezza, coniugata con l'acqua alta. Chi osserva, fissa con l'obiettivo lo sviluppo di una giornata, i movimenti e la duttilità della gente con la quale egli inevitabilmente si identifica.

Aggiungete, magari con un pizzico di fantasia, il fascino maestoso che, comunque, circonda una città che si dondola, specchiandovisi nell'acqua, luci morbide, rumori ovattati... beh! Signori, che altro ci vuole per sognare almeno un poco?

Nicola Csillaghy
Giornalista – scrittore

Reading a photographic book is apparently quite simple. But not always. Especially when, as in this work by Gianfranco Viola, the subject is a city (Venice), declared from immemorial time world's artistic heritage; caught in a moment that every other city in the world would consider an emergency.

This is what makes Venice so unique . It is even more spectacular when, through his sestieri, we immerse in water for a simple footbath or a bath, arousing the concern and the fears of the world population, mindful (with sudden attacks of unwonted hysteria) of the prophecies of lord George Gordon Byron, English poet who lived in the Venetian lagoon for a couple of years between the end of the seventeenth and the beginning of the eighteenth century.

I do not mean I agree with Mr. Massimo Cacciari, mayor of Venice, who, years ago, talking about the phenomenon of acqua alta said that Venetians should not worry about it: they should get some rubber boots and philosophically pass over. There are more serious problems the city has to cope with and, moreover, we are in the wrong time and place to arouse controversy.

Here we will talk about a city and an artist – Venetian photographer, who, as Dorino wrote, describes the places where he lives through a collection of "images of tangible emotion" portraying unusual scenes which have somehow become a familiar phenomenon to which citizens, or at least part of them, have accustomed. Looking through these pictures we notice the various aspects of Venice and its delicate strength, in connection to acqua alta. The observer follows the day, the moves and the versatility of people he inevitably identifies with.

Think, using your imagination, to the great charm that glazes a city that is dangling, reflecting on waters, shaded lights, muffled sounds...what else do we need to dream?

Nicola Csillaghy
Journalist – Writer

L'acqua alta nasce così:
una bolla che sgorga con il suo
impercettibile gorgoglio dalla
pavimentazione di "masegni"
in pietra d'Istria.
All'improvviso, di giorno e di
notte. Esce da una fessura
come una sorgente, ma è
invece una ingannevole
risorgiva che dà acqua salata.
Da quei buchi fra le antiche
pietre esce in effetti un'acqua
"cattiva". La pressione della
marea la insinua entro una
rete di vene e cunicoli
sotterranei della città, fino a
quando trova una fessura e dal
buio emerge alla luce.

*That is how acqua alta
originates: suddenly, during
day or night, water emerges
bubbling through the cracks
in the Istrian stone "masegni"
(cobblestones). It comes out
from a crack like a spring of
water, but it is a resurgence
of salty seawater. From those
cracks a "bad" water comes
out. The pressure exerted by
the tide, forces water into a
network of underground
passages and tunnels, until it
finds a crack and bubbles to
the surface.*

Fra le attrazioni più spettacolari di Venezia, ce n'è una che periodicamente si manifesta con la regia di Madre Natura: il suo nome è acqua alta e la scena è l'intera città, gran teatro del mondo. Per la sua eccezionalità è detta in dialetto aqua granda – cioè la grande acqua che incombe dall'Adriatico – ed è formata da una marea anomala, cioè un fenomeno naturale fuori scala. Una marea traboccante che ha caratteristiche di spettacolarità e di pericolo per la città che la vive con disagio, dei veneziani e dei loro ospiti.

"In aquis fundata" dice un'antica iscrizione murata nel baluardo delle difese a mare: ma che quelle acque possano travolgerla è un rischio che la città deve affrontare periodicamente.

In questo libro si raccontano per immagini le acque alte, viste come occasioni rare di cui Venezia ha l'esclusiva e che, senza troppi sforzi, si possono inserire fra gli eventi turistici più memorabili. Del resto, non è una leggenda metropolitana il fatto che agenzie di viaggio giapponesi, specializzate in lune di miele, prenotano a Venezia nei periodi in cui è più probabile che si manifesti l'acqua alta. Per chi viene da lontano, il primo effetto psicologico provocato da queste maree invasive – quando si manifestano in tutta la loro vastità e potenza – è molto complesso: si passa dall'attonito stupore a una dolce paralisi, dall'incredulità al brivido metafisico. E c'è chi parla di un effetto-sogno, per non dire piuttosto un effetto-incubo.

I veneziani, loro, eccezionali cittadini-castori già ammirati da Goethe nel '700, ci hanno fatto l'abitudine; ciò nonostante, tengono sempre di scorta, dietro la porta di casa, gli stivali di gomma perché gli eventi anomali non devono paralizzare le attività quotidiane.

Among the most spectacular attractions that Venice can offer, there is one revealing itself under Mother Nature's direction: it is known as acqua alta ("high water"), and the set is the whole city, world's greatest theatre. Because of its exceptional nature, it is also called aqua granda – "great water" since it is the water coming from the Adriatic – and it is due to an irregular tide, a natural phenomenon of vast proportions. A flooding tide which is spectacular and dangerous at the same time, since it becomes an obstacle for both Venetians and tourists.

The ancient Latin inscription "In aquis fundata" ("built on waters") is engraved in the walls of a bastion for maritime defence. But the fact that waters could flood it is a risk the city as to face from time to time.

In this book images describe acqua alta seen as a unique event, which can be seen only in Venice and it has become one of the most memorable events for tourists. It is not a legend that Japanese travel agencies, specialized in honeymoon trips, use to organize journey in Venice during the seasons in which this phenomenon is most likely to occur. To foreign visitors, the first psychological effect due to high tide – at the height of its power – is quite complex: it ranges from astonishment to a kind of slight paralysis, from disbelief to a kind of metaphysical thrilling. Someone defines it dream-like effect, or better nightmare effect.

The Venetians, citizens-beavers already admired by Goethe in the eighteenth century, got used to it: nevertheless, they stockpile rubber boots since this unusual event should not stop everyday activities. Foreign visitors get excited when they face acqua alta for the first time. And they enjoy every detail. The phenomenon

L'emozione degli stranieri diventa eccitazione quando hanno la fortuna di trovarsi per la prima volta di fronte all'acqua "granda". E la godono in ogni particolare. Il fenomeno comincia con il lento emergere di una polla fra le grandi pietre del selciato, i "masegni", ed è come vedere il formarsi di una sorgente, una risorgiva che crea pozzanghere di breve durata. Infatti, eccola dilagare e ricoprire porzioni sempre più ampie dell'antica pavimentazione marciana. In sintonia con questa manifestazione della Natura, cresce anche l'emotività perché i turisti avvertono la sensazione – fortissima nei soggetti più sensibili – che in quel momento sia l'intera città a inclinarsi sotto i loro piedi come una zattera che sprofonda. Venezia come un vascello di pietra che sta naufragando? La paura fa questo e altro. In quei frangenti, uno choc emotivo, una vertigine prende il forestiero risucchiato dal fenomeno che ne segnerà per sempre i ricordi. Uno scrittore, Antonio Russello, ha interpretato la marcia delle "onde silenziose che hanno fatto volume" come "un cupo e grandioso accordo" musicale (*La danza delle acque*, Treviso 2005).

Le reazioni sono diverse e opposte: c'è chi assiste incredulo e spaventato alla progressiva inondazione della Piazza, delle rive e delle calli come se la marea fosse un mostro che "mangia" il suolo. Il turista allora si sente in trappola, al punto da cercare sicurezza sulle passerelle di legno che consentono di muoversi all'asciutto; al contrario, altri entrano nell'acqua e vanno incontro alla marea come a un'avventura, sguazzando. Da una parte, perciò, notiamo un leggero attacco di panico, dall'altra un accesso di allegria.

In questo libro, l'occhio da cronista del fotografo rivela le molte sfumature di comportamento di fronte a una fantastica emozione che segnerà per sempre quel giorno e quell'ora del loro "vissuto". Uno spettacolo nel quale si è spettatori ma anche attori, senza bisogno di copione.

begins when a spring of water slowly emerges from the cracks in the cobblestones, the masegni, and it is like watching a rising of a resurgence forming expanding puddles. In fact, water slowly floods larger and larger areas of paving, while tourists get the feeling that the whole city is sinking under their feet like a raft. Can Venice be compared to a stone vessel rapidly sinking?

In such difficult situation, visitors are seized by an emotional shock, a sort of dizziness. They are totally swallowed up by the phenomenon which will leave its mark in their memories. The writer Antonio Russello described those "silent waves" as a "hollow and grandiose chord" (The dance of waters, Treviso 2005).

There are different, sometimes conflicting reactions: some people watch with disbelief and fear the progressive flooding of squares, shores and streets like they were watching a monster invading earth. Tourists feel trapped to the extent that they seek safeness on duckboards. On the other hand, some people walk through the waters and face the new adventure splashing about. So, on the one hand, people get a slight panic attack, on the other, they get an outburst of enthusiasm.

In this book, the photographer shows the different behaviours of people facing the striking emotion that will mark that moment of their lives. A spectacular scene in which we are observers as well as actors.

The lagoon water, as everybody knows, sometimes floods exceeding the barriers, solid bulwarks made of Istrian stone, that had been erected in ancient times by the authority of the Serenissima.

As a consequence, even in the minds of tourists, the fixed limits between reason and the irrational break up.

Two simple words – acqua alta – define the flooding due to high tide, the same words that are written in the pages of history to describe the most spectacular and sometimes tragic symbol of the relationship between man and the lagoon. When "bad" tide rises, it seems like

Piazza San Marco.

St. Mark's Square.

La laguna, come dicevamo e come ormai tutti dovrebbero sapere, di tanto in tanto dilaga fuori dai suoi limiti, dai confini fissati fin dai tempi antichi dai magistrati della Serenissima con robusti baluardi in pietra d'Istria. Di riflesso, anche nella mente dello straniero i soliti confini tra razionale e irrazionale non reggono più. Due sole parole di uso comune e dunque semplici – acqua alta – sono la definizione popolare dell'inondazione provocata dalla marea, eppure sono loro che fissano nelle pagine di una storia millenaria l'immagine più spettacolare e talvolta drammatica del rapporto fra Venezia e la sua laguna. Quando arriva la marea "cattiva" è come se l'antico bacino d'acqua, cioè il nido da cui Venezia ha avuto origine, si ribellasse al secolare dominio degli umani. La realtà, in ogni caso, viene subito modificata e stravolta, sia pure per qualche ora. Si apre così uno spaziotempo di anormalità, una parentesi fantastica che sembra fatta apposta per occupare la scenografia anfibia di Venezia.

L'aggettivo "alta" serve a dire e a definire un livello di acqua marina che supera le quote tollerabili. Ecco, allora, che l'acqua domestica, da secoli amica e materna, e vissuta nel quotidiano da ogni generazione, assume dimensioni mostruose. Con la sua presenza, l'acqua alta cancella un ordine consueto e lo sostituisce con disordine e violenza. Una violenza molto particolare, per altro, che non esplode d'improvviso, anzi non esplode affatto ma si muove con grandiosa lentezza, onda possente e silenziosa che penetra nel corpo della città frugandone capillarmente ogni anfratto e cavità segrete, fino a possederla interamente. A qualcuno sembra di assistere a un atto di rivalsa della Natura contro gli artifici umani.

L'accadimento è muto, quasi che l'acqua alta fosse una gigantesca ameba che soffoca la "colonna sonora", il brusio di fondo della città. Questa sospensione della sua voce contribuisce a rendere sorprendente un

the water basin, the heart of Venice, is opposing to the long-standing supremacy of man. Our world is modified and upset, although only for a few hours. It generate a new weird dimension, a magical interlude that highlights the unusual environment of Venice.

The word "alta" (high) refers to the level of waters exceeding the normal level. Water, which has been familiar for ages, becomes an enemy. Its presence erase everyday reality and replace it with chaos and violence. It is a different kind of violence since it does not break out suddenly, but moves slowly, like a powerful, silent wave penetrating at the heart of the city, going through every narrow gorge and hidden hollow, to invade it thoroughly. It might seem that nature is taking his revenge on man. It is a silent event like water was a huge amoeba drowning the "soundtrack", the background hum of the city. This silent break is what makes this recurrent, somewhat familiar, phenomenon so impressive. Experience and science have enabled the Venetians to foretell the alternating of tides and to know exactly the date and hour in which the phenomenon will take place: an alarm rings, the sound of sirens warns traders to block the entrance of their shops and put their goods in a safe place.

Since it is impossible to foretell everything, people live constantly on the alert, especially on crucial seasons. Beside science, which is at the heart of all certainties and habits, there are other elements provoking the rising of tide to such an extent it takes the aspect of a "mad" wave. Here originates that acqua granda which penetrates harbours, rises the waters of the lagoon basin invading the city centre, the islands and sometimes even Chioggia.

The power of this spectacular phenomenon, sometimes even tragic, put collective imagination to the test. The rising of lagoon waters comes from afar. It does not hide in the depths of the lagoon, it is not a mythological deity governing waters, it is a cosmic en-

fenomeno ripetitivo e dunque risaputo. Così è. L'esperienza e la scienza consentono ai veneziani di conoscere per tempo l'alternarsi delle maree in laguna e di elaborare un preciso calendario dove stanno scritti il giorno e l'ora della manifestazione; per loro suona preventivo un allarme, l'ululato delle sirene sollecita i commercianti a sbarrare gli ingressi dei negozi e a sollevare da terra le merci.

Ma non tutto è prevedibile, e si vive in uno stato di all'erta particolarmente nelle stagioni "critiche". Nelle equazioni su cui si fondano tante certezze e abitudini si insinuano fattori ignoti che moltiplicano l'intensità della marea fino a darle la consistenza di un'onda "pazza". Da qui la nascita di quell'aqua granda che entra dalle bocche di porto e gonfia il bacino lagunare come un ventre di donna mentre va a occupare i luoghi del centro storico e isole, con episodi anche a Chioggia.

La grande forza del meccanismo che è all'origine di questa lievitazione spettacolare, a volte drammatica, agisce sull'immaginazione popolare che viene messa alla prova. Si sa che il sollevamento delle acque di laguna viene da lontano, ma non si annida nel profondo della laguna, non è una divinità mitologica che spinge l'acqua in su; è una energia cosmica, invece, quella che attira le acque e le fa lievitare. Pura forza di gravità, dunque, dalla quale l'uomo è totalmente escluso, provocata dalla attrazione gravitazionale della Luna in allineamento con la Terra e il Sole.

Il visitatore che viene sorpreso e catturato dall'acqua alta – emotivamente e fisicamente – scopre improvvisamente che nel fenomeno c'è una bellezza straordinaria. Non distingue fra "marea normale", "marea fastidiosa", "marea dannosa" ecc. Lo spettacolo dell'inondazione rivela una sua fascinazione anche estetica, che si percepisce guardandolo stando all'asciutto sulle passerelle. In quella situazione è come guardare un sito archeologico (la fantasia galoppa...) con la

ergy pulling waters. It is just a matter of force of gravity, it is due to the pull of the moon lining up with the Earth and the Sun. The visitor, who is stunned and captured ,– both mentally and physically – seizes the outstanding beauty of the phenomenon. Visitors do not make a distinction between "normal tide", "annoying tide" or "dangerous tide"... The spectacle of flooding reveals its charm which can be clearly perceived watching it at a distance, from the dry duckboards. It is like watching an archaeologic site with the difference that you do not find relics but half-submerged buildings. You are totally swallowed by it: water becomes a huge mirror, Venice and the sky are reflected by blue depths and everything is transformed.A real spectacle.

The temporary paralysis of everyday activities and people adaptation to the emergency are just a consequence of the duration of the phenomenon. Enthusiasm wanes and the suspicion arouses that the great astronomic machinery provoking high tides is stuck, preventing the ebbing of the tide. (which sometimes really happened).

As we already mentioned, tourists are cheerful. Maybe the reason lies in the fact that they enjoy Venice like amphibious beings, walking through water on submerged "masegni" (cobblestones). They experiment how it feels to walk on a hard, solid paving while their legs are sinking deeper and deeper into the water that reaches their knees. A dizzling feeling pervades them like they were sinking into the sky while buildings are reflected on the wide water and breeze unruffles the surface... The thought of the shipwreck creeps again in their minds: what if tide would not ebb and everything would go back to where it started?

Pigeons are the first to run away with a vertical flight and they alight on the eaves of buildings, while below, other cheerful, thoughtless, irresponsible creatures splash about. Maybe they are watching us from

differenza, però, che qui non ci sono rovine ma edifici semisommersi. Però il coinvolgimento è assicurato: basta vedere come l'acqua si trasforma in gigantesco specchio della realtà così che la Venezia allagata e il cielo si rovesciano in un abisso azzurro, e tutto si trasfigura. Puro spettacolo.

La paralisi temporanea del trafficare quotidiano e l'adattarsi con stoica determinazione all'emergenza per la durata del fenomeno sono una conseguenza della sua durata. L'euforia si incrina, emerge il sospetto che il sublime meccanismo astronomico che provoca le maree si sia inceppato, bloccando il riflusso a tempo indeterminato (il che, a volte, è veramente accaduto).

C'è allegria, dicevamo, tra i "foresti". Il segreto di tanto abbandono gioioso – infantile? – forse è questo: essi vivono Venezia come esseri anfibi, camminano nell'acqua e nella città sui "masegni" sommersi, provano l'emozione di sentire con i piedi il fondo duro e sicuro mentre l'acqua sale lungo le gambe, un centimetro alla volta, fino al ginocchio e oltre. Sensazione di vertigine, di sprofondare nel cielo – provare per credere – con i palazzi che si replicano rovesciati nel grande specchio che un soffio di brezza trasfigura in rabbrividente superficie..... Il pensiero del naufragio ritorna come un brivido dell'anima: e se quella massa di acqua non si ritirasse più, e tutto tornasse alle origini?

I colombi fuggono per primi, con volo quasi in verticale, e si appostano sui nobili cornicioni dei palazzi mentre in basso, al loro posto, sguazzano altre creature petulanti, gioiose, spensierate fino all'incoscienza. Dalla loro postazione, chissà, ci osservano e forse pensano: "Sono matti questi umani". I quali, in fondo, vivono quell'esperienza esclusiva con intensità senza troppo considerare la sorte di Venezia, i suoi problemi che non vengono sommersi e dimenticati. Intanto, altri visitatori aspettano l'occasione di una prossima marea pazza, della prossima invasione.

up there and thinking: "Mad humans!". People live this extraordinary experience without considering too much the future of Venice and its problems, which cannot be submerged or forgotten. In the meantime, other tourists are waiting for the next "mad" tide, the next flooding.

Nelle pagine seguenti: Piazza San Marco.

Following pages: St. Mark's Square.

COMUNE DI VENEZIA
CREDITO
BERGAMASCO

BAR
CINZANO
AMERICANO

In queste e nelle pagine
precedenti Piazza San Marco.

*On these and on previous
pages St. Mark's Square.*

Quasi fuso con il fasciame
della sua gondola in un blocco
dinamico, un giovane
gondoliere mette a frutto
l'esperienza degli anziani per
non piegarsi alla violenza
dell'acqua alta che diventa
ostacolo: lui deve passare
sotto il ponte, non può e non
vuole perdere il lavoro.
Perciò, un movimento
acrobatico, una qualche
contorsione di rito, e via!

*As he was a whole with its
gondola, a young gondolier
tries not to surrender to the
obstacle of high tide: he has
to pass under the bridge since
he cannot afford to loose the
job. An acrobatic move, a few
contortions... and that is hit!*

Il ponte San Moisè
dal campo omonimo.

*A view of San Moisè bridge
from the same square.*

S. Moisè.

S. Moisè.

LOUIS VUITTON

L'acqua alta è anche occasione, per molti, di autentico divertimento, perché è spettacolare e coinvolgente. L'allegria senza freno di questi pizzaioli cinesi ne è una testimonianza. Il fotografo li ha sorpresi mentre svuotano il locale inondato. Un lavoraccio, ma preso con leggerezza.

Acqua alta is also a chance to have some fun since it is a spectacular, fascinating phenomenon, as shown by these cheerful Chinese pizza makers. The photographer captured them while emptying out their restaurant. A hard work carried out thoughtlessly.

STEFANEL

Piazza San Marco.

St. Mark's Square.

TRATTORIA
PONTINI
FARMACIA

1459
HOTEL
BAUER GRÜNWALD

aliano

La normalità sfida
l'eccezionalità:
la portalettere veneziana
non si piega al fenomeno,
si adatta. In questo, c'è
forse la memoria di secoli
di evoluzione e di confronto
dell'Uomo con la Natura.
Le "strade d'acqua", cioè i rii
e i canali, hanno sconfinato:
brutto affare, sicuramente;
però, la posta va
consegnata. A domicilio.

*This Venetian postwoman
chooses not to surrender
to acqua alta, she makes
the best of it, mindful of
what centuries of evolution
and challenge between man
and nature have taught us.
Waterways and canals have
overflown, but mail has to
be delivered anyway!*

NARANZARIA

CAMPO
CESARE
BATTISTI
GIA DELLA
BELLA VIENNA

VERSACE CLASSIC

AMERICAN EXPRESS
CartaSi
VISA
TAX FREE SHOPPING
We Accept

PONTEGGIO
IN
ALLESTIMENTO

1
Vietato entrare
No entry
No entry

Dall'acqua dove galleggiano
i vaporetti si passa all'acqua
dove camminano i cittadini
e i turisti. Perché la marea
ha fatto dilagare anche il
Canal Grande e tutto lo
spazio è diventato liquido,
tutto il sistema viario urbano
subisce l'effetto della marea
capricciosa, senza regole.
L'acqua "matta", come
qualcuno la chiama.

*From the water where the
vaporetti sail, to the water
where people walk. Even the
Canal Grande has flooded,
water has invaded the all area
and the whole urban
network is submitted to the
"unruly" tide, to the "mad
water" as some people call it.*

Quando l'acqua alta si impadronisce di tutto lo spazio pedonale, anche il servizio
dei vigili urbani si adegua: con i piedi a mollo, in divisa d'ordinanza, cercano di mantenere
l'àplomb. Li incontri sul tuo tragitto a condividere il disagio e lo stravolgimento della realtà
quotidiana, delle abitudini. Non sorvegliano l'acqua, naturalmente, si mostrano invece perché tu,
visitatore, catturato dal fenomeno, possa evitare di perderti.

*When water floods all pedestrian areas, even traffic policemen try to adapt to the situation: they
wear their uniforms and, their feet soaking in water, they try to keep their aplomb.
As we meet them, we share the same discomfort, the perturbation of our everyday
life and our habits. Of course, they do not monitor water, they are there to
help disoriented tourists to find their way.*

Venditori di stivali di gomma.

Rubber boots sellers.

Riva degli Schiavoni.

Riva degli Schiavoni.

Vivere nell'acqua non è una metafora poetica: i veneziani sono per nascita cittadini di una città
anfibia. La vita quotidiana ha esigenze che non aspettano il calo della marea: eccoli, perciò,
al mercato di Rialto dove le bancarelle si specchiano nell'acqua come le barche dei mercati galleggianti
dell'Indonesia. Tutto sarà più gustoso, a tavola, dopo questo faticoso e fastidioso "navegar co' i pie".

Living on water is not a poetic metaphor: the Venetians are born in a city built on waters. Daily needs cannot be influenced by tides: you can find people at Rialto's market where stalls reflect on water like the boats at the Indonesian floating market. Eating will be more rewarding after this exhausting and annoying "navigation by feet".

Il mercato a Rialto.

Rialto's market.

"Acqua Alta" in libreria.

*The "Acqua Alta" in to
book shop.*

Salumeria S.
del Caribe
giorno
operta
uova isola.
Catalina
Maarten
Barbados
Romantica

Ossena

STEFANEL
FARMACIA MORELLI
530

La novità, per il turista appena sbarcato dal vaporetto, è sorprendente: non puoi evitare di bagnarti, e all'hotel o alla pensione o alla casa amica ci arrivi a piedi, con le scarpe piene d'acqua. La turista è perplessa, ma consapevole. Venezia è veramente diversa da tutto!

When a tourist gets off the vaporetto he is stunned by the new experience: he cannot avoid to get wet and he has to walk, with his feet soaking wet, to get to his hotel, pension or house. The tourist is puzzled but aware. That is what makes Venice so unique!

Piazza San Marco.

St. Mark's Square.

Naviga la barchetta di carta: effimero giocattolo inventato per l'occasione, lo spinge il vento
della fantasia di un bambino. Portato nonostante tutto a passeggio dentro la marea, il piccolo turista guarda
interrogativo verso la madre. Che ne sa lui di Venezia sotto assedio? Trovarsi con gli stivaletti a mollo
è un'occasione di divertimento: "Dài, andiamo avanti!"

A paper boat: short-lived toy made for the occasion, it is driven by the imaginative
power of a kid. The little tourist, taken out for a walk despite the high tide,
gives a questioning look to her mother. As he knows nothing about high tide,
being with boots in water is just a chance to have fun!

CORTE
S. GIOVANNI
DE MALTA
PONTE DE LA
COMENDA

In mezzo a tanto affanno, un
clochard dorme. Lo sciabordio
della marea culla il suo sonno
indifferente.

*Despite the chaos, a tramp is
sleeping. He is having a good
sleep gently rocked by the
sound of tide.*

All'acqua alta si può
sfuggire, e guardarla stando
all'asciutto. Oppure si può
accettare l'inevitabile
incontro e trasformarlo
in gioco, in danza festosa,
la "danza dell'acqua alta".
Venezia è anche questo
spazio liquido che cancella
il ritmo normale di una
giornata e la rende
memorabile.

*You can escape acqua alta
and watch it from a
distance, in a dry place.
Or you can make the best
of it by turning it into a game,
a merry dance,
the "dance of high water".
It is just another aspect of
Venice: a liquid mantle that
changes the course of a day
and make it unforgettable.*

Piazzetta San Marco,
sullo sfondo l'isola
di San Giorgio Maggiore.

*St. Mark's Square,
on the background
San Giorgio Maggiore Island.*

La grande marea ha vinto,
è padrona del territorio:
tutto è coperto dalle acque.
Un fluido manto grigio
nasconde i colori del
più bel salotto del mondo.

The high tide won,

it conquered the land:

water invaded everything.

A grey fluid mantle overshadowed

the colours of one of the

most fascinating cities in the world.

Venezia ha tratto a trae dall'acqua la sua ragione di essere, la sua grandezza e il suo carattere di città unica al mondo; per questo essere veneziani ha sempre significato essere partecipi di questa "acquaticità" vivendone gli aspetti positivi ed affrontandone senza drammatizzazioni i problemi specifici.

Tra i problemi tipici di Venezia i più evidenti sono dati dalle particolarità dei trasporti e del traffico acqueo, e dai disagi causati dall'"acqua alta". L'"acqua alta" altro non è che una marea elevata, tale da sommergere con frequenza, in alcuni periodi dell'anno, i punti più bassi di molte fondamente, calli e campi; solo in casi più rari risultano allagate parti estese della città.

Questi allagamenti sono per lo più limitati a pochi centimetri di acqua, tanto che, di regola, un normale paio di stivali di gomma è sufficiente per superare le difficoltà. Ciò contrasta con un equivoco diffuso tra chi non conosce di persona il fenomeno, indotto a ritenere, anche dalle informazioni televisive, che "acqua alta" significhi avere l'acqua fino all'ombelico.

Ovviamente non è cosi: quando si parla, ad esempio di acqua alta "+100 cm.", quel metro rappresenta solo l'aumento di quota rispetto al livello medio del mare (per convenzione è assunto come riferimento il livello medio del mare del 1897 misurato a Punta della Salute). A questa quota solo pochissimi punti della città risultano allagati. L'"acqua alta" è dovuta a cause molteplici legate in primo luogo alle maree astronomiche ed alla disposizione geografica dell'Adriatico, ed esaltate da particolari condizioni meteorologiche. A queste si aggiungono effetti locali interni alla Laguna, provocati dai venti, dalle piogge e, soprattutto in passato, dagli apporti di acque dolci continentali.

Nell'ultimo secolo la Laguna e la sua funzionalità sono state profondamente modificate dall'azione umana, che ha contribuito, indirettamente, all'accentuazione del fenomeno.

Le altezze di marea sono inoltre soggette a variazioni in rapporto a diversi fattori meteorologici. In particolare le maree sono più elevate quando la pressione barometrica subisce un notevole abbassamento e/o in presenza di un forte vento di scirocco o di bora. Le più ampie escursioni di marea si verificano di norma nei periodi di novilunio e plenilunio (sizigie), nei periodi di primo ed ultimo quarto di luna (quadratura) è invece più difficile il verificarsi del fenomeno dell'acqua alta.

Valori caratteristici della marea a Venezia per il periodo dal 1923 al 31 Ottobre 1997

Altezza massima	Metri +1,94	4 Novembre 1996
Altezza minima	Metri -1,21	14 Febbraio 1934
Escursione massima	Metri 3,15	
Ampiezza massima di marea dalla alta alla bassa	Metri 1,63	28 Gennaio 1948 28 Dicembre 1970
Ampiezza massima di marea dalla bassa alla alta	Metri 1,46	23-24 Febbraio 1928 25 Gennaio 1966

Le foto delle pagine 24/25/26-27 sono di Fernando Bertuzzi
Le foto delle pagine 75/112/113/125 sono di Michela Scibilia

Photos on pages 24/25/26-27 by Fernando Bertuzzi
Photos on pages 75/112/113/125 by Michela Scibilia

Finito di stampare
nel mese di Giugno 2007
nello stabilimento delle Grafiche Vianello
Treviso/Italia